屋外

屋里

3

屋外

小猪呀！

小伙伴们在屋外叫小猪。
"小猪呀，分给我们一些饼干吧！"

我的第一本
数学童话套装

空间 | 里外

箱子里
有什么呢？

[韩] 全起延(전기연) 著　　[韩] 姜美善(강미선) 绘　刘 晋 译

送给小猪

人民东方出版传媒
People's Oriental Publishing & Media
东方出版社
The Oriental Press

小熊、小兔和小松鼠闻到了一股香味。
"这是什么香味啊？"
原来是小猪在家里做饼干，一阵阵的
香味从小猪家里飘了出来。

屋里

5

屋外

小猪在屋里大口大口地吃着饼干。
"我不，我要自己把饼干都吃光。"

6

屋里

哼哼！哇，真好吃！

在屋里一个人吃饼干，实在是太高兴了，都是我的！

8

⇨ "屋里暖和，屋外寒冷"，"箱子里黑，
箱子外亮"，这些生活中常见的现象有
很多，试着让宝宝说几个这样的现象。

屋 外

嘀嘀咕咕

"怎么做才能吃到饼干呢？"
小伙伴们在屋外小声讨论着。

是谁呀？

"咚咚咚！"
"咦？谁来了？"
小猪"噔噔噔"地跑向屋外。

10

不知是谁送来的礼物。

12

"箱子里有什么呢？"
好期待，小猪的心"怦怦怦"一直乱跳。

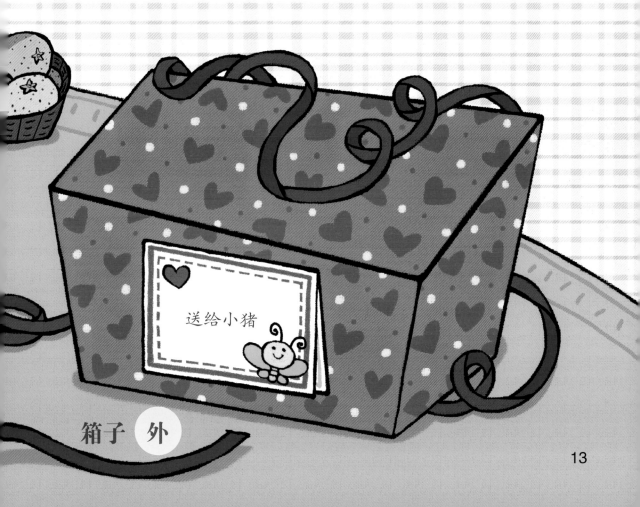

送给小猪

箱子 外

小伙伴们"嗖"的一下跳到箱子外！
"一起分享饼干会更好吃哦！"

15

图书在版编目（CIP）数据

箱子里有什么呢? / （韩）李恩珠 等著；刘晋 译 . —北京：东方出版社，2020.6
（我的第一本数学童话套装 . 0—3 岁：精选版）
ISBN 978-7-5207-1526-3

Ⅰ . ① 箱…　Ⅱ . ① 李…② 刘…　Ⅲ . ① 数学—儿童读物　Ⅳ . ① O1-49

中国版本图书馆 CIP 数据核字（2020）第 082645 号

0~3 세 수학 시리즈 16 권 0~3 岁数学系列 1~16 册
Copyright © 2012 by Korea Hermann Hesse Co., Ltd.
Simplified Chinese translation edition © 201X by Oriental People's Publishing & Media Co., Ltd.
All rights reserved.
This Simplified Chinese edition was published by arrangement with Korea Hermann Hesse Co., Ltd.
through Imprima Korea Agency and Qiantaiyang Cultural Development (Beijing) Co., Ltd.

本书中文简体字版权由千太阳文化发展（北京）有限公司代理
中文简体字版专有权属东方出版社
著作权合同登记号　图字：01-2016-3709 号

我的第一本数学童话套装：0—3 岁精选版
（ WODE DIYIBEN SHUXUE TONGHUA TAOZHUANG: 0—3SUI JINGXUANBAN ）

作　　者：［韩］李恩珠 等
译　　者：刘　晋
策　　划：吴玉萍
责任编辑：黄　娟　郭伟玲
责任校对：谷轶波　赵鹏丽
统　　筹：吴玉萍
出　　版：东方出版社
发　　行：人民东方出版传媒有限公司
地　　址：北京市朝阳区西坝河北里 51 号
邮　　编：100028
印　　刷：北京汇瑞嘉合文化发展有限公司
版　　次：2020 年 6 月第 1 版
印　　次：2020 年 6 月第 1 次印刷
开　　本：787 毫米 × 1092 毫米　1/20
印　　张：9
字　　数：61 千字
书　　号：ISBN 978-7-5207-1526-3
定　　价：120.00 元
发行电话：(010) 85924663　85924644　85924641

给孩子一种正确的
数学思维"打开"模式

小猪的屋里飘出一阵阵香味，
小伙伴们在屋外馋得直咽口水。
让宝宝熟知里和外的概念。

ISBN 978-7-5207-1526-3

定价：120.00元（全套）

"嗡嗡嗡"，洗衣机转啊转。
"咕噜，咕噜"，快看，快看，
衣服在里面跳舞呢。

23

3

宝宝们柔软的小内裤。

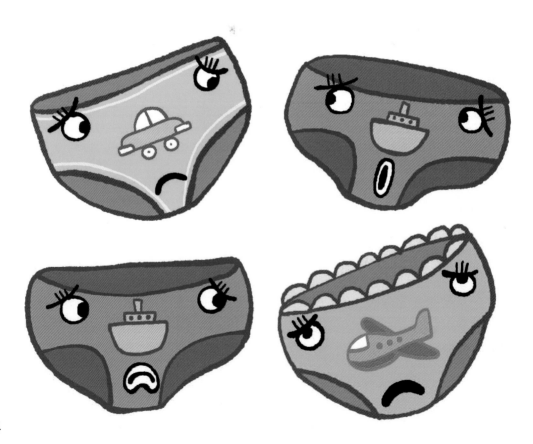

宝宝和猫咪都穿上了小内裤。
"不对，不对！不一样，不一样！"

⇨"小汽车和小飞机是不一样的"，请让宝宝说出来。

图案一样的小内裤在一起啦！
它们真的好高兴。

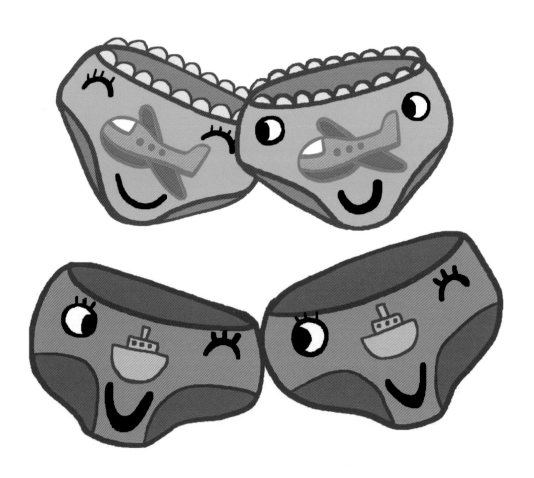

"找到了,找到了！一样的小内裤,一样的！"

➪ "小汽车和小汽车是一样的",请让宝宝说出来。

7

小T恤衫迎风飘荡着，它们没有和图案一样的T恤衫挂在一起，很不高兴。

宝宝和猫咪穿上了小T恤衫。
"不对，不对！不一样，不一样！"

▷"蝴蝶和甲壳虫是不一样的"，请让宝宝说出来。

图案一样的 T 恤衫挂在一起啦。
它们真的好高兴。

"找到了，找到了！一样的T恤衫，一样的！"

⇨ "蝴蝶和蝴蝶是一样的"，请让宝宝说出来。

11

小袜子这里一只，那里一只，零零散散地放着。

宝宝和猫咪穿上了小袜子。
"不对，不对！不一样，不一样！"

⇨ "苹果和葡萄是不一样的"，
请让宝宝说出来。

13

图案一样的小袜子在一起啦。

"找到了，找到了！一样的小袜子，一样的！"

⇨ "葡萄和葡萄是一样的、苹果和苹果是一样的"，请让宝宝说出来，并找出家里的袜子，试着让宝宝找出一样的。

15

我们是好朋友，在一起就很快乐。
青蛙杯，青蛙杯！一样的，一样的！

青蛙杯，小鱼杯！不一样，不一样！

图书在版编目（CIP）数据

一样的！不一样！/（韩）李恩珠 等著；刘晋 译 .—北京：东方出版社，2020.6
（我的第一本数学童话套装 . 0—3 岁：精选版）
ISBN 978-7-5207-1526-3

Ⅰ . ①一…　Ⅱ . ①李…②刘…　Ⅲ . ①数学—儿童读物　Ⅳ . ① O1-49

中国版本图书馆 CIP 数据核字（2020）第 082634 号

0~3 세 수학 시리즈 16 권 0~3 岁数学系列 1~16 册
Copyright © 2012 by Korea Hermann Hesse Co., Ltd.
Simplified Chinese translation edition © 201X by Oriental People's Publishing & Media Co., Ltd.
All rights reserved.
This Simplified Chinese edition was published by arrangement with Korea Hermann Hesse Co., Ltd.
through Imprima Korea Agency and Qiantaiyang Cultural Development (Beijing) Co., Ltd.

本书中文简体字版权由千太阳文化发展（北京）有限公司代理
中文简体字版专有权属东方出版社
著作权合同登记号　图字：01-2016-3709 号

我的第一本数学童话套装：0—3 岁精选版
（ WODE DIYIBEN SHUXUE TONGHUA TAOZHUANG: 0—3SUI JINGXUANBAN ）

作　　者：[韩] 李恩珠 等
译　　者：刘　晋
策　　划：吴玉萍
责任编辑：黄　娟　郭伟玲
责任校对：谷轶波　赵鹏丽
统　　筹：吴玉萍
出　　版：东方出版社
发　　行：人民东方出版传媒有限公司
地　　址：北京市朝阳区西坝河北里 51 号
邮　　编：100028
印　　刷：北京汇瑞嘉合文化发展有限公司
版　　次：2020 年 6 月第 1 版
印　　次：2020 年 6 月第 1 次印刷
开　　本：787 毫米 ×1092 毫米　1/20
印　　张：9
字　　数：61 千字
书　　号：ISBN 978-7-5207-1526-3
定　　价：120.00 元
发行电话：(010) 85924663　85924644　85924641

给孩子一种正确的
数学思维"打开"模式

看一看宝宝和猫咪身上衣服和袜子的图案，
哪些是一样的，哪些是不一样的？
通过这些图片，让宝宝学习什么是相同，什么是不同。

ISBN 978-7-5207-1526-3

9 787520 715263 >

定价: 120.00元 (全套)

0—3岁精选版

三角形

[韩] 郑多芸(정다운) 著
[韩] 安雅美(안아미) 绘

刘晋 译

人民东方出版传媒
People's Oriental Publishing & Media
东方出版社
The Oriental Press

三角形

小旗子

全部都是三角形。

三角拼图块

三角尺

迎风展开的风帆是三角形，

叮当！叮当！叮当！
三角铁也是三角形。

美味可口的三角紫菜包饭是三角形，

6

酥脆的饼干也是三角形。

➭ 将小零食，如红薯，切成三角形，让
宝宝更加自然地了解什么是三角形。

快来看！在路上我们经常见到
的路标也是三角形哦。

快来找一找！
一个三角形、两个三角形、
三个三角形……

10

哇，用这些三角形我们
做成了一棵圣诞树！

11

图书在版编目（CIP）数据

三角形 /（韩）李恩珠 等著；刘晋 译 .—北京：东方出版社，2020.6
（我的第一本数学童话套装 . 0—3 岁：精选版）
ISBN 978-7-5207-1526-3

Ⅰ . ①三… Ⅱ . ①李… ②刘… Ⅲ . ①数学—儿童读物 Ⅳ . ① O1-49

中国版本图书馆 CIP 数据核字（2020）第 082643 号

0~3 세 수학 시리즈 16 권 0~3 岁数学系列 1~16 册
Copyright © 2012 by Korea Hermann Hesse Co., Ltd.
Simplified Chinese translation edition © 201X by Oriental People's Publishing & Media Co., Ltd.
All rights reserved.
This Simplified Chinese edition was published by arrangement with Korea Hermann Hesse Co., Ltd.
through Imprima Korea Agency and Qiantaiyang Cultural Development (Beijing) Co., Ltd.

本书中文简体字版权由千太阳文化发展（北京）有限公司代理
中文简体字版专有权属东方出版社
著作权合同登记号　图字：01-2016-3709 号

我的第一本数学童话套装：0—3 岁精选版
（WODE DIYIBEN SHUXUE TONGHUA TAOZHUANG: 0—3SUI JINGXUANBAN）

作　　者：［韩］李恩珠 等
译　　者：刘　晋
策　　划：吴玉萍
责任编辑：黄　娟　郭伟玲
责任校对：谷轶波　赵鹏丽
统　　筹：吴玉萍
出　　版：东方出版社
发　　行：人民东方出版传媒有限公司
地　　址：北京市朝阳区西坝河北里 51 号
邮　　编：100028
印　　刷：北京汇瑞嘉合文化发展有限公司
版　　次：2020 年 6 月第 1 版
印　　次：2020 年 6 月第 1 次印刷
开　　本：787 毫米 ×1092 毫米　1/20
印　　张：9
字　　数：61 千字
书　　号：ISBN 978-7-5207-1526-3
定　　价：120.00 元
发行电话：(010) 85924663　85924644　85924641

给孩子一种正确的
数学思维"打开"模式

什么是尖尖的三角形呢？
叮叮当当的三角铁，美味的三角紫菜包饭……
让宝宝在我们的生活中多找些三角形吧。

ISBN 978-7-5207-1526-3

定价：120.00元（全套）

0—3岁精选版

的第一本
数学童话套装
空间 | 远近

远和近

［韩］安静合(안정화) 著
［韩］李周延(이주연) 绘

刘晋 译

人民东方出版传媒
People's Oriental Publishing & Media
东方出版社
The Oriental Press

大熊正在悄悄地靠近蝴蝶。

哇，好漂亮的蝴蝶！

2

"色彩斑斓的漂亮蝴蝶离我越来越近。"

近

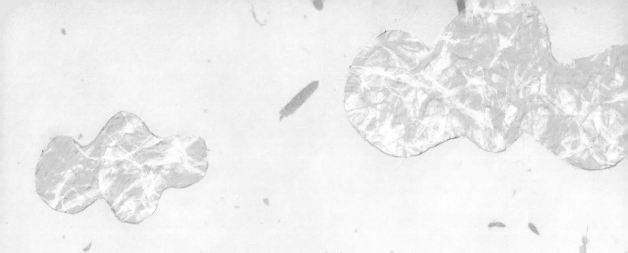

可是，当大熊更靠近时，蝴蝶就飞走了。
"哎呀，一下子就飞远了。"

4

远

嘻嘻，这里有个大圆球！

6

小兔一蹦一跳地靠近大圆球。
"骨碌滚动的大圆球离我越来越近。"

近

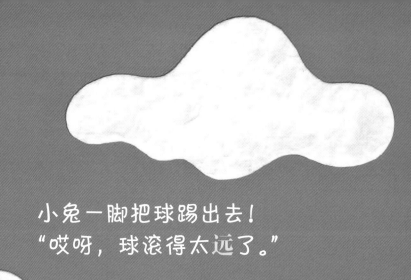

小兔一脚把球踢出去！
"哎呀，球滚得太远了。"

8

远

9

好大的气球。

10

小松鼠慢慢地靠近气球。
"大气球离我越来越近。"

近

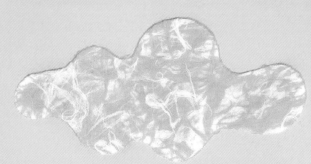

这个时候，一阵风吹来，大气球飘走了。
"哎呀，飘得太远了。"

远

小松鼠一步步地
紧跟着气球。

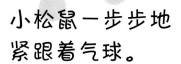

小兔蹦蹦跳
跳地追着大
圆球。

大熊忙着捉蝴蝶。

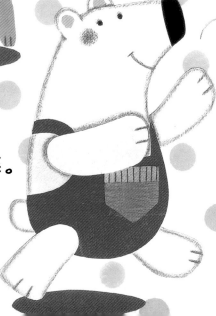

14

小松鼠、小兔和大熊在小山坡上相遇了。
"小伙伴们，我们一起玩好吗？"
"太好啦，太好啦！"

15

就在这时，气球碰到了树枝，"砰"
的一声爆开了！
蝴蝶被吓了一跳，赶快飞走了。

16

砰！

"呜呜呜，我的气球！"
"哇哇哇，我的蝴蝶！"
小松鼠和大熊伤心地
哭了起来。

17

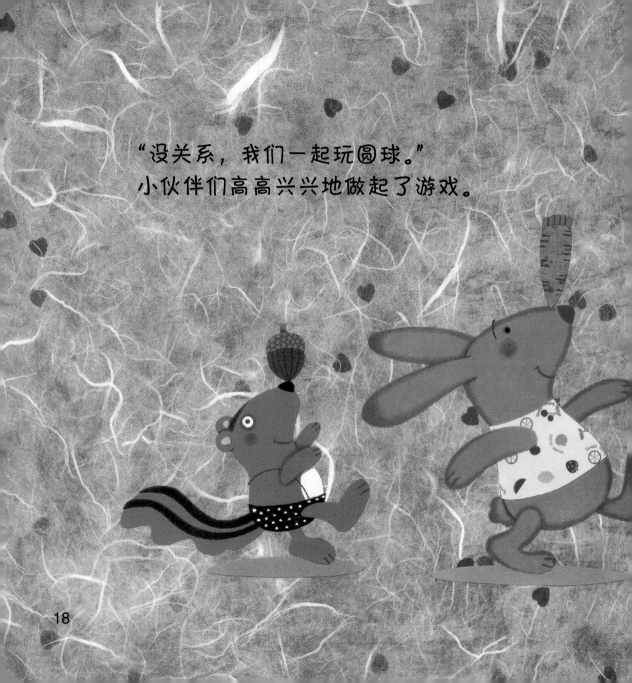

"设关系，我们一起玩圆球。"
小伙伴们高高兴兴地做起了游戏。

图书在版编目（CIP）数据

远和近 / （韩）李恩珠 等著；刘晋 译 . —北京：东方出版社，2020.6
（我的第一本数学童话套装 . 0—3 岁：精选版）
ISBN 978-7-5207-1526-3

Ⅰ . ①远… Ⅱ . ①李… ②刘… Ⅲ . ①数学—儿童读物 Ⅳ . ① O1-49

中国版本图书馆 CIP 数据核字（2020）第 082639 号

0~3 세 수학 시리즈 16 권 0~3 岁数学系列 1~16 册
Copyright © 2012 by Korea Hermann Hesse Co., Ltd.
Simplified Chinese translation edition © 201X by Oriental People's Publishing & Media Co., Ltd.
All rights reserved.
This Simplified Chinese edition was published by arrangement with Korea Hermann Hesse Co., Ltd.
through Imprima Korea Agency and Qiantaiyang Cultural Development (Beijing) Co., Ltd.

本书中文简体字版权由千太阳文化发展（北京）有限公司代理
中文简体字版专有权属东方出版社
著作权合同登记号　图字：01-2016-3709 号

我的第一本数学童话套装：0—3 岁精选版
（WODE DIYIBEN SHUXUE TONGHUA TAOZHUANG: 0—3SUI JINGXUANBAN）

作　　者：[韩] 李恩珠 等
译　　者：刘　晋
策　　划：吴玉萍
责任编辑：黄　娟　郭伟玲
责任校对：谷轶波　赵鹏丽
统　　筹：吴玉萍
出　　版：东方出版社
发　　行：人民东方出版传媒有限公司
地　　址：北京市朝阳区西坝河北里 51 号
邮　　编：100028
印　　刷：北京汇瑞嘉合文化发展有限公司
版　　次：2020 年 6 月第 1 版
印　　次：2020 年 6 月第 1 次印刷
开　　本：787 毫米 ×1092 毫米　1/20
印　　张：9
字　　数：61 千字
书　　号：ISBN 978-7-5207-1526-3
定　　价：120.00 元
发行电话：(010) 85924663　　85924644　　85924641

给孩子一种正确的
数学思维"打开"模式

大熊要抓的蝴蝶渐渐飞远了。
通过观察蝴蝶、大圆球和气球位置的变化，
试着理解远和近的空间概念。

ISBN 978-7-5207-1526-3

9 787520 715263 >

定价：120.00元（全套）

0－3岁精选版

宝宝的第一本
数学童话套装

测量 | 多少

哇，真多呀！

[韩] 徐贞雅(서정아) 著
[韩] 郑美晶(정미정) 绘
刘 晋 译

人民东方出版传媒
People's Oriental Publishing & Media
东方出版社
The Oriental Press

苹果树上挂满了红红的大苹果。
我和爸爸一起摘苹果。

3

这是爸爸摘的红苹果。
哇，真**多**呀！
这是我摘的红苹果。
唉，真**少**啊！

4

藤上结满了黄色的甜瓜。
我和爸爸一起摘甜瓜。

7

多

橘子树上挂满了橘子。
我和爸爸一起摘橘子。

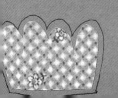

11

爸爸摘的 橘子。
哇，真多呀！

多

加油，加油！
推着装满水果的小车，我和爸爸一起回家。
可是爸爸却……

哎呀！

爸爸！

少

爸爸站起来，
往小车里一看，
嘻嘻，现在谁的水果更多？

17

图书在版编目（CIP）数据

哇，真多呀！/（韩）李恩珠 等著；刘晋 译 .—北京：东方出版社，2020.6
（我的第一本数学童话套装 . 0—3 岁：精选版）
ISBN 978-7-5207-1526-3

Ⅰ . ①哇… Ⅱ . ①李… ②刘… Ⅲ . ①数学—儿童读物 Ⅳ . ① O1-49

中国版本图书馆 CIP 数据核字（2020）第 082636 号

0~3 세 수학 시리즈 16 권 0~3 岁数学系列 1~16 册
Copyright © 2012 by Korea Hermann Hesse Co., Ltd.
Simplified Chinese translation edition © 201X by Oriental People's Publishing & Media Co., Ltd.
All rights reserved.
This Simplified Chinese edition was published by arrangement with Korea Hermann Hesse Co., Ltd.
through Imprima Korea Agency and Qiantaiyang Cultural Development (Beijing) Co., Ltd.

本书中文简体字版权由千太阳文化发展（北京）有限公司代理
中文简体字版专有权属东方出版社
著作权合同登记号　图字：01-2016-3709 号

我的第一本数学童话套装：0—3 岁精选版
（ WODE DIYIBEN SHUXUE TONGHUA TAOZHUANG: 0—3SUI JINGXUANBAN ）

作　　者：[韩]李恩珠 等
译　　者：刘　晋
策　　划：吴玉萍
责任编辑：黄　娟　郭伟玲
责任校对：谷轶波　赵鹏丽
统　　筹：吴玉萍
出　　版：东方出版社
发　　行：人民东方出版传媒有限公司
地　　址：北京市朝阳区西坝河北里 51 号
邮　　编：100028
印　　刷：北京汇瑞嘉合文化发展有限公司
版　　次：2020 年 6 月第 1 版
印　　次：2020 年 6 月第 1 次印刷
开　　本：787 毫米 ×1092 毫米　1/20
印　　张：9
字　　数：61 千字
书　　号：ISBN 978-7-5207-1526-3
定　　价：120.00 元
发行电话：（010）85924663　　85924644　　85924641

给孩子一种正确的
数学思维"打开"模式

爸爸摘的水果多，我摘的水果少。
但是爸爸走着走着被绊倒了，
水果都掉了出去。
现在谁的水果多，谁的水果少？

ISBN 978-7-5207-1526-3

9 787520 715263 >

定价：120.00元（全套）

我的第一本
数学童话套装
图形 | 圆

圆圆的

[韩] 郑多芸(정다운) 著
[韩] 朴敏珠(박민주) 绘

刘晋 译

人民东方出版传媒
People's Oriental Publishing & Media
东方出版社
The Oriental Press

扁平的盘子是什么形状呢?

圆圆的

这些全部都是圆圆的！

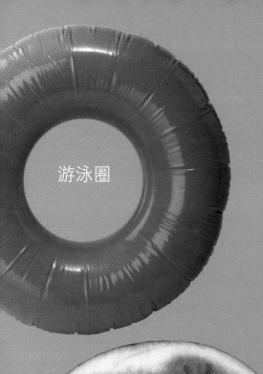

游泳圈

橙子

狝猴桃

西瓜

菠萝

各式各样的纽扣是圆圆的，

6

花花绿绿的糖果
也是圆圆的。

7

"嘀嗒嘀嗒"转动着的
钟表是圆圆的，

嘀嗒
嘀嗒

8

香喷喷的**比萨**也是**圆圆**的。

9

甜甜圈是圆圆的，

⇨ 准备硬币，用这些硬币摆出一些图形，
  如一朵花，等等。通过这些图形，让宝
  宝更加简单明了地了解圆形。

鸡蛋的蛋黄也是圆圆的。

图书在版编目（CIP）数据

圆圆的 /（韩）李恩珠 等著；刘晋 译 . —北京：东方出版社，2020.6
（我的第一本数学童话套装 . 0—3 岁：精选版）
ISBN 978-7-5207-1526-3

Ⅰ .①圆… Ⅱ .①李…②刘… Ⅲ .①数学—儿童读物 Ⅳ .① O1-49

中国版本图书馆 CIP 数据核字（2020）第 082642 号

0~3 세 수학 시리즈 16 권 0~3 岁数学系列 1~16 册
Copyright © 2012 by Korea Hermann Hesse Co., Ltd.
Simplified Chinese translation edition © 201X by Oriental People's Publishing & Media Co., Ltd.
All rights reserved.
This Simplified Chinese edition was published by arrangement with Korea Hermann Hesse Co., Ltd.
through Imprima Korea Agency and Qiantaiyang Cultural Development (Beijing) Co., Ltd.

本书中文简体字版权由千太阳文化发展（北京）有限公司代理
中文简体字版专有权属东方出版社
著作权合同登记号　图字：01-2016-3709 号

我的第一本数学童话套装：0—3 岁精选版
（WODE DIYIBEN SHUXUE TONGHUA TAOZHUANG: 0—3SUI JINGXUANBAN）

作　　者：[韩]李恩珠 等
译　　者：刘　晋
策　　划：吴玉萍
责任编辑：黄　娟　郭伟玲
责任校对：谷轶波　赵鹏丽
统　　筹：吴玉萍
出　　版：东方出版社
发　　行：人民东方出版传媒有限公司
地　　址：北京市朝阳区西坝河北里 51 号
邮　　编：100028
印　　刷：北京汇瑞嘉合文化发展有限公司
版　　次：2020 年 6 月第 1 版
印　　次：2020 年 6 月第 1 次印刷
开　　本：787 毫米 ×1092 毫米　1/20
印　　张：9
字　　数：61 千字
书　　号：ISBN 978-7-5207-1526-3
定　　价：120.00 元
发行电话：（010）85924663　85924644　85924641

我的第一本
数学童话套装
空间探索

0—3岁精选版

箱子里
有什么呢?

[韩] 全起延(전기연) 著　　[韩] 姜美善(강미선) 绘　刘晋 译

年销
16万册

11种基本数学概念,层层深入,启发孩子数学兴趣!
让孩子以最有趣、最科学的方式走近数学!

韩国数学教育研究所所长
韩国小学数学教科书王牌编写团队　倾力推出

人民东方出版传媒
People's Oriental Publishing & Media
东方出版社
The Oriental Press

给孩子一种正确的
数学思维"打开"模式

圆圆的图形都有什么呢？
圆圆的盘子，各式各样的纽扣……
让宝宝在我们的日常生活中多找些圆形吧。

ISBN 978-7-5207-1526-3

9 787520 715263 >

定价：120.00元（全套）

快来玩，快来玩！
和谁一起呢？
黑色白色黑色白色黑色白色

黑色白色黑色白色
"快来和斑马一起玩吧。"

哒哒哒，哒哒哒

哒哒哒，哒哒哒

5

快来玩，快来玩！
和谁一起呢？

白色橙色白色橙色白色橙色

7

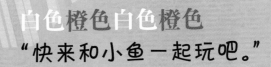

白色橙色白色橙色
"快来和小鱼一起玩吧。"

咕噜，咕噜！

9

快来玩，快来玩！
和谁一起呢？

绿色 红色 绿色 红色 绿色 红色

11

呼啦，呼啦

绿色红色绿色红色
"快来和小蛇一起玩吧。"

14

飞呀飞！
要去哪里呢？
蓝色黄色蓝色黄色蓝色黄色

蓝色黄色蓝色黄色
一下蹦到了我的小垫子上！

16

图书在版编目（CIP）数据

快来和我一起玩！/（韩）李恩珠 等著；刘晋 译 . —北京：东方出版社，2020.6
（我的第一本数学童话套装 . 0—3 岁：精选版）
ISBN 978-7-5207-1526-3

Ⅰ.①快…　Ⅱ.①李…②刘…　Ⅲ.①数学—儿童读物　Ⅳ.① O1-49

中国版本图书馆 CIP 数据核字（2020）第 082640 号

0~3 세 수학 시리즈 16 권 0~3 岁数学系列 1~16 册
Copyright © 2012 by Korea Hermann Hesse Co., Ltd.
Simplified Chinese translation edition © 201X by Oriental People's Publishing & Media Co., Ltd.
All rights reserved.
This Simplified Chinese edition was published by arrangement with Korea Hermann Hesse Co., Ltd.
through Imprima Korea Agency and Qiantaiyang Cultural Development (Beijing) Co., Ltd.

本书中文简体字版权由千太阳文化发展（北京）有限公司代理
中文简体字版专有权属东方出版社
著作权合同登记号　图字：01-2016-3709 号

我的第一本数学童话套装：0—3 岁精选版
（ WODE DIYIBEN SHUXUE TONGHUA TAOZHUANG: 0—3SUI JINGXUANBAN ）

作　　者：[韩] 李恩珠 等
译　　者：刘　晋
策　　划：吴玉萍
责任编辑：黄　娟　郭伟玲
责任校对：谷轶波　赵鹏丽
统　　筹：吴玉萍
出　　版：东方出版社
发　　行：人民东方出版传媒有限公司
地　　址：北京市朝阳区西坝河北里 51 号
邮　　编：100028
印　　刷：北京汇瑞嘉合文化发展有限公司
版　　次：2020 年 6 月第 1 版
印　　次：2020 年 6 月第 1 次印刷
开　　本：787 毫米 ×1092 毫米　1/20
印　　张：9
字　　数：61 千字
书　　号：ISBN 978-7-5207-1526-3
定　　价：120.00 元
发行电话：(010) 85924663　85924644　85924641

给孩子一种正确的
数学思维"打开"模式

白色，黑色，白色，黑色，一一排队站好，
哇，怎么变出了小斑马！
看看我们的周围，哪些色彩是有规律的？
试着让宝宝找一找吧。

ISBN 978-7-5207-1526-3

9 787520 715263 >

定价：120.00元（全套）

测量｜大小

宝宝的第一本数学童话套装

大还是小？

[韩] 南锡起(남석기) 著
[韩] 宋恩珠(손은주) 绘

刘 晋 译

人民东方出版传媒
People's Oriental Publishing & Media
东方出版社
The Oriental Press

各种各样的蔬菜在太阳的照射下，
努力地生长着。
它们都已经长熟了，有的个头大，
有的个头小。

3

小老鼠"咔哧咔哧"地吃着小南瓜。
大象慢悠悠地吃着大南瓜。

小

大

小猫咪轻轻地舔着小西红柿。
大河马一口咬下了一个大西红柿。

6

小刺猬"咔咔咔"地咬了一口小西瓜。
大鳄鱼张大嘴咬了一口大西瓜。

小

大

小鸟轻轻地在小土豆上啄了一口。

什么时候才能都吃完呀?

小

10

大鸟在大土豆上啄了一口。

大

11

小兔抓着短短的萝卜缨使劲地往外拽。
大马抓着长长的萝卜缨用力地往外拽。

我要拔出一个小萝卜。

我要拔出一个
像我这么大的大萝卜。

13

可是使劲一拽……

呀，
这是怎么回事？

大

16

大大小小的动物们聚在一起，
吃着大大小小的蔬菜。
"咔哧咔哧"，"咔咔咔"，真是太美味啦！

⇨ 准备两个碗，一大一小，将小
碗放入大碗中，这一动作可以
帮助宝宝了解生活中大和小的
概念。

17

图书在版编目（CIP）数据

大还是小？ /（韩）李恩珠 等著；刘晋 译 . —北京：东方出版社，2020.6
（我的第一本数学童话套装 . 0—3 岁：精选版）
ISBN 978-7-5207-1526-3

Ⅰ . ①大…　Ⅱ . ①李…　②刘…　Ⅲ . ①数学—儿童读物　Ⅳ . ① O1-49

中国版本图书馆 CIP 数据核字（2020）第 082641 号

0~3 세 수학 시리즈 16 권 0~3 岁数学系列 1~16 册
Copyright © 2012 by Korea Hermann Hesse Co., Ltd.
Simplified Chinese translation edition © 201X by Oriental People's Publishing & Media Co., Ltd.
All rights reserved.
This Simplified Chinese edition was published by arrangement with Korea Hermann Hesse Co., Ltd.
through Imprima Korea Agency and Qiantaiyang Cultural Development (Beijing) Co., Ltd.

本书中文简体字版权由千太阳文化发展（北京）有限公司代理
中文简体字版专有权属东方出版社
著作权合同登记号　图字：01-2016-3709 号

我的第一本数学童话套装：0—3 岁精选版
（WODE DIYIBEN SHUXUE TONGHUA TAOZHUANG: 0—3SUI JINGXUANBAN）

作　　者：[韩] 李恩珠 等
译　　者：刘　晋
策　　划：吴玉萍
责任编辑：黄　娟　郭伟玲
责任校对：谷轶波　赵鹏丽
统　　筹：吴玉萍
出　　版：东方出版社
发　　行：人民东方出版传媒有限公司
地　　址：北京市朝阳区西坝河北里 51 号
邮　　编：100028
印　　刷：北京汇瑞嘉合文化发展有限公司
版　　次：2020 年 6 月第 1 版
印　　次：2020 年 6 月第 1 次印刷
开　　本：787 毫米 ×1092 毫米　1/20
印　　张：9
字　　数：61 千字
书　　号：ISBN 978-7-5207-1526-3
定　　价：120.00 元
发行电话：（010）85924663　85924644　85924641

给孩子一种正确的

数学思维"打开"模式

小老鼠和大象在一起吃南瓜。
猫咪和河马在一起吃西红柿。
哪些大，哪些小？
让宝宝来认识一下大和小吧。

ISBN 978-7-5207-1526-3

9 787520 715263 >

定价：120.00元（全套）

小老鼠一坐上，跷跷板"喔"的一声沉了下去。

⇨ 请家长在读这句话时，在图片上给宝宝指出
　沉下去的小老鼠。

"嘎嘎"叫的小鸭子一坐上跷跷板……

4

小鸭子更重，"哐"的一声！

哐！

"喵喵"叫的小花猫坐上了跷跷板。
小花猫和小老鼠更重，"哐"的一声！

哐！

小鸭子这边变轻了，它"咻"的一下子飞了上去！

7

等狗狗坐上了跷跷板……

狗狗和小鸭子更重，
"哐"的一声！

哐！

小朋友坐上了跷跷板，
小朋友、小猫咪和小老鼠更重，"哐"的一声！

哐！

这边又变轻了，狗狗和小鸭子"咻"的一下子飞了上去！

在树上玩耍的小猴子跳了下来！

真是的，跷跷板怎么一动也不动了？

13

这时，小鸟宝宝掉到了跷跷板上。
它挣扎着从蛋壳里钻出来！
现在两边的重量一样了。

让我们一起来玩
跷跷板吧。

图书在版编目（CIP）数据

跷跷板真好玩！/（韩）李恩珠 等著；刘晋 译 . —北京：东方出版社，2020.6
（我的第一本数学童话套装 . 0~3 岁：精选版）
ISBN 978-7-5207-1526-3

Ⅰ . ①跷…　Ⅱ . ①李…②刘…　Ⅲ . ①数学—儿童读物　Ⅳ . ① O1-49

中国版本图书馆 CIP 数据核字（2020）第 082637 号

本书中文简体字版权由千太阳文化发展（北京）有限公司代理
中文简体字版专有权属东方出版社
著作权合同登记号　图字：01-2016-3709 号

我的第一本数学童话套装：0—3 岁精选版
（ WODE DIYIBEN SHUXUE TONGHUA TAOZHUANG: 0—3SUI JINGXUANBAN ）

作　　者：[韩] 李恩珠 等
译　　者：刘　晋
策　　划：吴玉萍
责任编辑：黄　娟　郭伟玲
责任校对：谷轶波　赵鹏丽
统　　筹：吴玉萍
出　　版：东方出版社
发　　行：人民东方出版传媒有限公司
地　　址：北京市朝阳区西坝河北里 51 号
邮　　编：100028
印　　刷：北京汇瑞嘉合文化发展有限公司
版　　次：2020 年 6 月第 1 版
印　　次：2020 年 6 月第 1 次印刷
开　　本：787 毫米 × 1092 毫米　1/20
印　　张：9
字　　数：61 千字
书　　号：ISBN 978-7-5207-1526-3
定　　价：120.00 元
发行电话：（010）85924663　 85924644　 85924641

给孩子一种正确的
数学思维"打开"模式

"哐哐哐！"小伙伴们跳上了跷跷板，可为什么一动不动？
为什么呢？
通过跷跷板游戏，让宝宝来学习重和轻的概念。

ISBN 978-7-5207-1526-3

9 787520 715263 >

定价：120.00元（全套）

我的第一本
数学童话套装

规律 | ABB规律

谁来坐小汽车呢?

[韩] 红气球(빨간풍선) 著　[韩] 米奇(미키빈) 绘　刘晋译

人民东方出版传媒
People's Oriental Publishing & Media
东方出版社
The Oriental Press

"突突突"，红色小汽车
过来了。
它要去接谁呢？

池塘边
公交站

"突突突"，红色小汽车
停在了池塘边公交站。

4

鸭妈妈，鸭宝宝，鸭宝宝！
还有谁来坐小汽车呢？

鸭宝宝

鸭妈妈

5

池塘边
公交站

鸭妈妈

鸭宝宝

6

又来了一排鸭妈妈，鸭宝宝，鸭宝宝！
一起出发 go go go！

鸭妈妈

鸭宝宝

鸭宝宝

鸭宝宝

"吱！"
红色小汽车在森林小路公交站停了下来。

森林小路
公交站

8

狮子

狐狸

狐狸

狮子，狐狸，狐狸！
还有谁来坐小汽车呢？

9

森林小路
公交站

狮子

狐狸

狐狸

狮子

狐狸

狐狸

又来了一排狮子，狐狸，狐狸！
一起出发 go go go！

11

"吱!"
红色小汽车在山坡下公交站停了下来。

背着书包的小猪们要上车啦。

三角形

三角形

圆形

圆形书包，
三角形书包，三角形书包！
下一排的小猪会背什么样的书包呢？

13

山坡下

圆形

14

三角形

圆形

三角形

三角形

三角形

又来了一排圆形书包，
三角形书包，三角形书包！
一起出发 go go go！

15

好挤呀!

16

小动物们都上了车，小小的红色小汽车里面变得特别拥挤。

17

18

红色小汽车

这时，"嘀嘀嘀"！
小汽车的朋友们都来了。
"小红红，我们来帮你啦。"

蓝色小汽车

蓝色小汽车

拥挤的红色小汽车里面瞬间变得宽敞了，
小动物们分别坐到了三辆车上。
红色小汽车，蓝色小汽车，蓝色小汽车！

红色小汽车

"一起出发 go go go！" 大家高兴地叫起来。

蓝色小汽车

蓝色小汽车

21

图书在版编目（CIP）数据

谁来坐小汽车呢？ /（韩）李恩珠 等著；刘晋 译 .—北京：东方出版社，2020.6
（我的第一本数学童话套装 . 0—3 岁：精选版）
ISBN 978-7-5207-1526-3

Ⅰ .①谁… Ⅱ .①李…②刘… Ⅲ .①数学—儿童读物 Ⅳ .① O1-49

中国版本图书馆 CIP 数据核字（2020）第 082644 号

本书中文简体字版权由千太阳文化发展（北京）有限公司代理
中文简体字版专有权属东方出版社
著作权合同登记号　图字：01-2016-3709 号

我的第一本数学童话套装：0—3 岁精选版
（ WODE DIYIBEN SHUXUE TONGHUA TAOZHUANG: 0—3SUI JINGXUANBAN ）

作　　者：[韩] 李恩珠 等
译　　者：刘　晋
策　　划：吴玉萍
责任编辑：黄　娟　郭伟玲
责任校对：谷轶波　赵鹏丽
统　　筹：吴玉萍
出　　版：东方出版社
发　　行：人民东方出版传媒有限公司
地　　址：北京市朝阳区西坝河北里 51 号
邮　　编：100028
印　　刷：北京汇瑞嘉合文化发展有限公司
版　　次：2020 年 6 月第 1 版
印　　次：2020 年 6 月第 1 次印刷
开　　本：787 毫米 ×1092 毫米　1/20
印　　张：9
字　　数：61 千字
书　　号：ISBN 978-7-5207-1526-3
定　　价：120.00 元
发行电话：（010）85924663　85924644　85924641

给孩子一种正确的
数学思维"打开"模式

"突突突"，红色小汽车在森林里奔跑。
谁来坐小汽车呢？
和宝宝一起来找找坐小汽车的动物们有什么规律吧。

ISBN 978-7-5207-1526-3

定价：120.00元（全套）

我的第一本
数学童话套装

规律｜色彩规律

0—3岁精选版

色彩三兄弟

［韩］李恩珠(이은주) 著
［韩］崔闵廷(최민정) 绘

刘 晋 译

人民东方出版传媒
People's Oriental Publishing & Media
東方出版社
The Oriental Press

⇨ 快帮每只小狗找出与自己耳
朵颜色相同的衣服和袜子吧。

2

红色的，黄色的，绿色的，
应该穿哪件衣服？
配哪双袜子呢？

3

红色的，黄色的，绿色的，
要用哪把雨伞？
配哪双雨鞋呢？

4

红色的，黄色的，绿色的，
"唰"的一下打开雨伞！

"我们回家啦，回家啦！"

9

红色的，黄色的，绿色的，把脏衣服分别放进哪个篮子里呢？

快快脱下脏衣服，
"扑通"一下跳入水中洗个澡！

12

13

图书在版编目（CIP）数据

色彩三兄弟 /（韩）李恩珠 等著；刘晋 译 .—北京：东方出版社，2020.6
（我的第一本数学童话套装 . 0—3 岁：精选版）
ISBN 978-7-5207-1526-3

Ⅰ．①色… Ⅱ．①李…②刘… Ⅲ．①数学—儿童读物 Ⅳ．① O1-49

中国版本图书馆 CIP 数据核字（2020）第 082635 号

0~3 세 수학 시리즈 16 권 0~3 岁数学系列 1~16 册
Copyright © 2012 by Korea Hermann Hesse Co., Ltd.
Simplified Chinese translation edition © 201X by Oriental People's Publishing & Media Co., Ltd.
All rights reserved.
This Simplified Chinese edition was published by arrangement with Korea Hermann Hesse Co., Ltd.
through Imprima Korea Agency and Qiantaiyang Cultural Development (Beijing) Co., Ltd.

本书中文简体字版权由千太阳文化发展（北京）有限公司代理
中文简体字版专有权属东方出版社
著作权合同登记号 图字：01-2016-3709 号

我的第一本数学童话套装：0—3 岁精选版
（ WODE DIYIBEN SHUXUE TONGHUA TAOZHUANG: 0—3SUI JINGXUANBAN ）

作　　者：[韩] 李恩珠 等
译　　者：刘　晋
策　　划：吴玉萍
责任编辑：黄　娟　郭伟玲
责任校对：谷轶波　赵鹏丽
统　　筹：吴玉萍
出　　版：东方出版社
发　　行：人民东方出版传媒有限公司
地　　址：北京市朝阳区西坝河北里 51 号
邮　　编：100028
印　　刷：北京汇瑞嘉合文化发展有限公司
版　　次：2020 年 6 月第 1 版
印　　次：2020 年 6 月第 1 次印刷
开　　本：787 毫米 ×1092 毫米　1/20
印　　张：9
字　　数：61 千字
书　　号：ISBN 978-7-5207-1526-3
定　　价：120.00 元
发行电话：(010) 85924663　85924644　85924641

给孩子一种正确的
数学思维"打开"模式

红色小狗、黄色小狗和绿色小狗三兄弟，
穿上衣服和雨鞋，拿上小雨伞，
去外边玩耍。
让宝宝试着找出相同的颜色。

ISBN 978-7-5207-1526-3

9 787520 715263 >

定价: 120.00元 (全套)